万物生 多样美

我的生态笔记

中国野生动物保护协会
飞羽视界文化传媒 等 摄

四川省卧龙国家级自然保护区（四川卧龙国家级自然保护区管理局 供图）

MONTH	MON.	TUE.	WED.

THU.	FRI.	SAT.	SUN.

贵州省梵净山国家级自然保护区
（贵州梵净山国家级自然保护区管理局 供图）

WEEK

WEEK

江苏省泗洪洪泽湖湿地国家级自然保护
（江苏省泗洪洪泽湖湿地国家级自然保护区管理处 供

四川省卧龙国家级自然保护区
（四川卧龙国家级自然保护区管理局 供图）

WEEK

湖北省五峰后河国家级自然保护区
（湖北五峰后河国家级自然保护区管理局 供图）

WEEK

WEEK

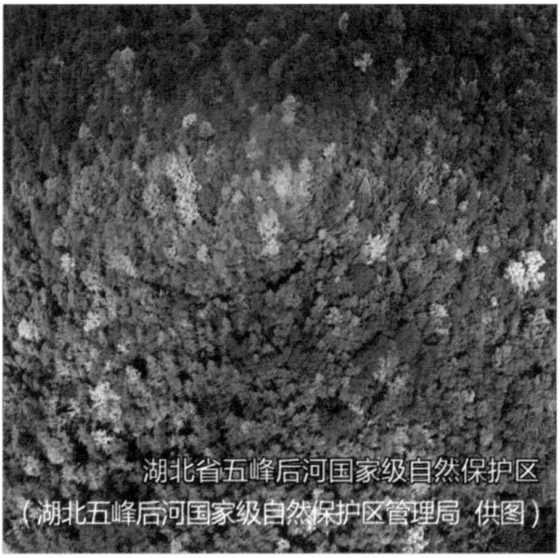

湖北省五峰后河国家级自然保护区
（湖北五峰后河国家级自然保护区管理局 供图）

湖北省七姊妹山国家级自然保护区
（黄汉民 摄）

我们要同心协力，抓紧行动，在发展中保护，在保护中发展，共建万物和谐的美丽家园。

——习近平

中国依托《生物多样性公约》第十五次缔约方大会（COP15）与各方一道，
制定兼具雄心和务实的“2020 年后全球生物多样性框架”。

江西九连山国家级自然保护区
（江西九连山国家级自然保护区管理局 供图）

2020 UN BIODIVERSITY CONFERENCE
COP 15 - CP/MOP 10 - NP/MOP 4
KUNMING CHINA

大熊猫（孙晋强 摄）

MONTH

MON.

TUE.

WED.

THU.	FRI.	SAT.	SUN.

大熊猫（谢建国 摄）

WEEK

WEEK

大熊猫（谢建国 摄

大熊猫（谢建国 摄）

WEEK

大熊猫（谢建国 摄）

WEEK

WEEK

大熊猫（谢建国 摄）

大熊猫（孙晋强 摄）

生物多样性是地球上所有生命的基础，是人类存续、发展的根基和血脉，是社会经济可持续发展的战略资源。

大熊猫（孙晋强 摄）

平衡好人与自然的关系，维护生态系统平衡，才能守护人类的健康、安全，实现可持续发展。

2020 UN BIODIVERSITY CONFERENCE

三月
March

MONTH	MON.	TUE.	WED.

THU.	FRI.	SAT.	SUN.

藏狐（徐永春　摄）

WEEK

WEEK

藏狐（谢建国　摄）

赤狐（谢建国　摄）

WEEK

赤狐（谢建国 摄）

WEEK

WEEK

狼（谢建国 摄）

草原雕和赤狐（李洪文 摄）

《生物多样性公约》第十五次缔约方大会（COP15）于2021年在昆明召开，大会的主题是“生态文明：共建地球生命共同体”。

我国云南省的生物多样性最为丰富，已知物种有24000余种。

藏狐（谢建国

四月
April

雪豹（杰德 摄）

MONTH	MON.	TUE.	WED.

THU.	FRI.	SAT.	SUN.

雪豹（林根火 摄）

WEEK

WEEK

雪豹（谢建国 摄

雪豹（林根火 摄）

WEEK

雪豹（林根火 摄）

WEEK

WEEK

雪豹（杰德 摄）

雪豹（林根火 摄）

中国地处亚欧大陆东部，地貌和气候复杂多样，孕育了丰富而独特的生态系统、物种和遗传多样性。

雪豹（林根火 摄）

中国的生态系统类型多样，脊椎动物有 7300 余种，占世界脊椎动物总种数的 11%，其中哺乳动物种数居世界第一。

东北虎（谢建国 摄）

MONTH	MON.	TUE.	WED.

THU.	FRI.	SAT.	SUN.

东北虎（谢建国 摄）

WEEK

WEEK

东北虎（谢建国 摄

东北虎（谢建国 摄）

WEEK

东北虎（谢建国 摄）

WEEK

WEEK

东北虎（谢建国 摄）

东北虎（谢建国 摄）

中国是最早签署《生物多样性公约》的国家之一。

东北虎（谢建国　摄）

自《生物多样性公约》生效以来，中国采取了一系列卓有成效的行动和举措，生物多样性保护工作取得了积极进展。

朱鹮（孙晋强 摄）

MONTH	MON.	TUE.	WED.

THU.	FRI.	SAT.	SUN.

朱鹮（孙晋强 摄）

WEEK

WEEK

朱鹮（徐永春 摄

朱鹮（孙晋强 摄）

WEEK

朱鹮（顾晓军 摄）

WEEK

WEEK

朱鹮（孙晋强 摄）

中国是全球生物多样性最丰富的国家之一。

朱鹮（徐永春 摄）

中国是裸子植物的主要分布区，也是哺乳动物最丰富的国家之一，鸟类、两栖类多样性居世界前列。

朱鹮（徐永春 摄）

丹顶鹤（孙华金 摄）

MONTH	MON.	TUE.	WED.

THU.	FRI.	SAT.	SUN.

灰鹤（史华平 摄）

WEEK

WEEK

白枕鹤（徐永春 摄

蓑羽鹤（徐永春 摄）

WEEK

丹顶鹤（武明录 摄）

WEEK

WEEK

灰鹤（徐永春 摄）

白鹤（顾晓军 摄）

《中国生物物种名录》2020版显示，中国已知物种及种下单元数已突破12万个，达到122280种。

中国已知物种有 110231 个，种下单元有 12049 个。其中，动物界有 54359 种，种下单元有 4085 个；植物界有 37793 种，种下单元有 7112 个；真菌界及其他生物界有 18079 种，种下单元有 852 个。

黑颈鹤（栾亚立 摄）

2020 UN BIODIVERSITY CONFERENCE

2020 UN BIODIVERSITY CONFERENCE

KUNMING CHINA

川金丝猴（丁宽亮 摄）

MONTH

MON.	TUE.	WED.

THU.	FRI.	SAT.	SUN.

猕猴（谢建国 摄）

WEEK

WEEK

滇金丝猴（谢建国 摄）

西黑冠长臂猿（谢建国 摄）

WEEK

海南长臂猿（武明录 摄）

WEEK

WEEK

黑叶猴（谢建国 摄）

白头叶猴（蒙有蔚 摄）

在我国，四川是生物多样性仅次于云南的省，已知物种有16000余种。

广西、贵州、西藏、广东和湖南这几个省（自治区）各自的已知物种有1万余种。

白头叶猴（顾晓军 摄）

2020 UN BIODIVERSITY CONFERENCE

KUNMING, CHINA

亚洲象（谢建国 摄）

MONTH	MON.	TUE.	WED.

THU.	FRI.	SAT.	SUN.

亚洲象（武明录 摄）

WEEK

WEEK

亚洲象（武明录 摄

亚洲象（谢建国 摄）

WEEK

亚洲象（谢建国 摄）

WEEK

WEEK

亚洲象（谢建国 摄）

亚洲象（谢建国 摄）

中国有特有种 1702种，特有率为36.8%，居世界前列。

亚洲象（谢建国 摄）

中国特有种以两栖类和内陆鱼类的特有率最高（67.4% 和 65.7%），爬行类和哺乳类的特有率居中（34.0% 和 21.1%），鸟类的特有率最低（5.3%）。

藏羚（谢建国 摄）

MONTH	MON.	TUE.	WED.

THU.	FRI.	SAT.	SUN.

藏原羚（冯江 摄）

WEEK

WEEK

普氏原羚（徐永春 摄

藏羚（星智 摄）

WEEK

WEEK

藏羚（林根火 摄）

WEEK

藏羚（星智 摄）

北山羊（谢建国 摄）

《中国生物多样性红色名录——脊椎动物卷》对 4357 种脊椎动物进行了评估，受威胁物种共有 932 种，占被评估物种总数的 21.4%。

《中国生物多样性红色名录——脊椎动物卷》中被列为灭绝的脊椎动物有4种，被列为野外灭绝的有3种，被列为区域灭绝的有10种，被列为极度濒危的有185种，被列为濒危的有288种，被列为易危的有459种，被列为近危的有598种。

藏羚（星智 摄）

麋鹿（孙华金 摄）

MONTH	MON.	TUE.	WED.

THU.	FRI.	SAT.	SUN.

梅花鹿（谢建国 摄）

WEEK

WEEK

梅花鹿（宋林继 摄

马鹿（武明录 摄）

WEEK

WEEK

梅花鹿（吴颖 摄）

WEEK

梅花鹿（宋林继 摄）

梅花鹿（顾晓军 摄）

中国受威胁比例最高的是两栖动物，占43.1%；哺乳类、爬行类和内陆鱼类居中，各有20%左右的物种受到威胁；鸟类受威胁的比例为10.6%。

加强生物多样性保护、推进全球环境治理需要各方持续坚韧努力。

——习近平

梅花鹿（吴颖 摄）

珙桐（贵州梵净山国家级自然保护区管理局 供图）

MONTH	MON.	TUE.	WED.

THU.	FRI.	SAT.	SUN.

神农香菊（杨敬元 摄）

WEEK

WEEK

梵净山冷杉
（贵州梵净山国家级自然保护区管理局 供图）

珙桐
（贵州梵净山国家级自然保护区管理局 供图）

WEEK

桫椤（胡世学 摄）

WEEK

WEEK

油点草（冯春婷 摄）

九连山保护区样地森林生态系统（王伟 无人机正射影像）

截至2019年年底，我国共建有国家公园（试点）10个，涉及青海、吉林、海南等12个省份，总面积约为22万平方千米，覆盖陆域国土面积的2.3%。

区 2830 个，总面积为 1.47 亿公顷，基本形成了类型比较齐全、布局基本合理、功能相对完善的自然保护区体系。

金斑喙凤蝶
（江西九连山国家级自然保护区管理局 供图）

2020 UN BIODIVERSITY CONFERENCE
COP 15 · CP/MOP 10 · NP/MOP 4
KUNMING · CHINA

2020 UN BIODIVERSITY CONFERENCE

图书在版编目（CIP）数据

万物生 多样美：我的生态笔记 /中国野生动物保护协会等摄. -- 北京：中国环境出版集团, 2022.1

ISBN 978-7-5111-4901-5

Ⅰ. ①万… Ⅱ. ①中… Ⅲ. ①生态环境保护－文集 Ⅳ. ①X171.4-53

中国版本图书馆CIP数据核字(2021)第204506号

出 版 人　武德凯
策划编辑　丁莞歆
责任编辑　赵楠婕
责任校对　任　丽
装帧设计　彭　杉

出版发行　中国环境出版集团
（100062 北京市东城区广渠门内大街16号）
网　　址：http://www.cesp.com.cn
电子邮箱：bjgl@cesp.com.cn
联系电话：010-67112765（编辑管理部）
010-67147349（第四分社）
发行热线：010-67125803　010-67113405（传真）

印　　刷　北京顶佳世纪印刷有限公司
经　　销　各地新华书店
版　　次　2022年1月第1版
印　　次　2022年1月第1次印刷
开　　本　880mm × 1230mm　1/32
印　　张　7.5
字　　数　50千字
定　　价　98.00元
